中国民用航空飞行学院飞行训练系列教材

20小时高性能多发飞机课程提纲

20 Hours High Performance Training Syllabus Flight Crew Training Program

适合于拟在最大起飞全重 136 吨（含）以下的组类 II 飞机上担任副驾驶的驾驶员

主　编　关立欣
副主编　张亚新　温　涛
　　　　余绍焱　唐　宇

西南交通大学出版社
·成都·

图书在版编目（CIP）数据

20 小时高性能多发飞机课程提纲 / 关立欣主编. —成都：西南交通大学出版社，2013.9
中国民用航空飞行学院飞行训练系列教材
ISBN 978-7-5643-2555-8

Ⅰ. ①2… Ⅱ. ①关… Ⅲ. ①多发飞机－驾驶术－教学大纲 Ⅳ. ①V323.11-41

中国版本图书馆 CIP 数据核字（2013）第 188668 号

中国民用航空飞行学院飞行训练系列教材
20 小时高性能多发飞机课程提纲

主编　关立欣

责 任 编 辑	孟苏成
封 面 设 计	何东琳设计工作室
出 版 发 行	西南交通大学出版社 （四川省成都市金牛区交大路 146 号）
发 行 部 电 话	028-87600564　028-87600533
邮 政 编 码	610031
网　　　　址	http: //press.swjtu.edu.cn
印　　　　刷	成都蓉军广告印务有限责任公司
成 品 尺 寸	210 mm×285 mm
印　　　　张	4
总 字 数	118 千字
版　　　　次	2013 年 9 月第 1 版
印　　　　次	2013 年 9 月第 1 次
书　　　　号	ISBN 978-7-5643-2555-8
套　　　　价	12.00 元

图书如有印装质量问题　本社负责退换
版权所有　盗版必究　举报电话：028-87600562

编委会名单

主　任：郑孝雍

副主任：关立欣　　徐建民　　何永威　　李　宜

委　员：温　涛　　白宏秋　　余绍焱　　文　路

　　　　　汤继强　　唐　宇　　陈　铮　　赵　雪

　　　　　李正权　　杜　春　　张亚新　　孙　承

总　序

自改革开放以来，在党中央、国务院的正确领导下，顺应国家经济社会全面发展的大潮，中国民航持续快速健康发展，规模、质量和效益都跃上了一个新台阶。作为向中国民航运输航空和通用航空输送飞行等各类航空专业人才的主力院校，为保证飞行训练教学内容的先进性、准确性和全面性，中国民航飞行学院决定在原有的飞行训练教材基础上，结合数十年的飞行教学经验和当前最新的航空理论知识，编写该套《飞行训练系列教材》。

《飞行训练系列教材》是飞行教学质量管理体系的基础，是统一飞行标准、抓好飞行教学、提高教学质量的重中之重。因此，学院为本系列教材挑选的编者都是民航飞行训练及安全管理领域具有丰富教学和实践经验的一流专家。同时，经过编委会多次召开会议，审定教材的大纲，落实教材的主要知识点，本系列教材的编写充分考虑了教学内容的先进性和成熟性之间的协调关系，确保教材既能够反映飞行训练领域的前沿信息，又能使学生掌握基础的核心知识和成熟稳定的飞行技能。

在本系列教材的编写过程中，我们得到了民航局飞行标准司、民航西南地区管理局、民航四川安全监督管理局的大力支持，在此深表感谢！

尽管通过反复讨论修改，但因实际水平和其他客观条件限制，本系列教材难免存在疏漏和值得商榷之处，敬请各位读者批评指正。

中国民航飞行学院

飞行训练系列教材编委会主任

2013 年 5 月

前　言

目的

本课程是与中国民航飞行学院《航线运输驾驶员整体课程训练大纲》配套的高性能多发飞机训练部分，同时也可作为单独的高性能多发飞机训练课程使用。

课程目的是让学生在商用驾驶员执照培训所掌握的知识技能基础上，增加在多人制的组类 II 飞机上所需要的基本知识技能，为进入航空公司进行运输机改装起到过渡作用。

本课程适用于在按 CCAR-121 运行的公共运输航空公司中，拟在最大起飞全重 136 000 千克(含)以下的组类 II 飞机上担任副驾驶的驾驶员过渡训练使用，其飞行训练和模拟机训练不能代替型别等级训练。

课程结构

本课程包含两个部分，第一部分为地面理论课，第二部分为飞行训练课。其中飞行训练课又分为模拟机训练课程和飞机训练课程。

模拟机训练部分含 10 个小时的全动模拟机课程，主要训练目的是掌握高性能飞机的基本飞行程序、操纵特征，完成高性能飞机在目视和仪表天气条件下的基本运行，以及对不正常和应急情况的处置。

地面课程

由于高性能多发飞机训练的学生不需要在该机型上取得型别等级，但又必须有相应的机型知识来完成飞行训练课程，为加强模拟机教学效果，并为飞机训练奠定良好的知识基础，同时满足法规要求，特别设计了地面课程。

这些课程包括所飞机型的基本系统介绍、喷气飞机的空气动力特性和飞机性能、以机组为单位的 CRM 和 TEM、喷气飞机的下降准备和下降管理、非正常和应急情况的处理及处理原则、如何在复杂天气情况下飞行。这些知识多数与机型无关，适用于所有航线运行的喷气飞机。

执行地面课程时，教员使用 PPT 等多媒体教学手段参考给定的时间进行教学。学员在地面课之前应该收到地面课程相应的印刷资料，在进入模拟机飞行之前应使用所收到的资料进行飞行前准备，特别是使用座舱图以机组的模式进行模拟的驾驶舱准备。

学员必须完成所有地面课程并通过测评才能进入模拟机训练。

模拟机训练

模拟机训练包含飞行前讲评、模拟机训练和飞行后讲评。

飞行前讲评由飞行教员在讲评室按照课程讲评内容对两名学生进行飞行前讲评。

模拟机训练时间每课为 4 小时。学员 1 在右座执行 PF 职责，学员 2 在左座执行 PNF 职责，完成两小时计划课程后，两名学生换座，学员 2 在右座执行 PF 职责，学员 1 在左座执行 PNF 职责。训练时间只记录学员的 PF 时间。

模拟机训练结束后进行飞行后讲评。

训练使用设备

本课程所使用的飞机包括 CE525、MA600。

本课程所使用的模拟机是局方审定合格的与飞机同型号的 C 类（含）以上全动模拟机。

进入条件

在获取多发飞机商用驾驶员执照附加仪表等级后方能进入本课程规定的飞行训练课。

训练课程设置表

训练课程			
地面课时间	模拟机时间	飞机时间	总训练时间
129:00	10:00	10:00	149:00

课程申明

按照 AC-141-FS-2011-02R1《高性能多发飞机训练要求》，本高性能多发飞机训练课程包含：

a. 至少 10 小时在高性能多发飞机或同型号飞行模拟机上作为 PF 按本通告飞行训练要求完成的飞行技能训练。另外，还应包括同等时间在飞机或飞行模拟机上作为 PNF，以完成多机组成员协作课程为目的的飞行训练。

b. 至少 10 小时在高性能多发飞机上完成，包括 5 小时转场飞行训练，其中作为 PF 至少 3 次全停着陆。

c. 至少 10 次作为 PF 实施仪表进近直至着陆。

本训练课程中所要求的模拟机训练课可以在飞机上实施，但必须完成课程规定的训练科目。不得使用模拟机代替课程中要求的飞机训练。

学员在执行本课程训练过程中，须使用同一型号的飞机和全动模拟机。

训练基地和课程主任教员

本课程的主任教员和助理主任教员名单及所使用的训练基地见局方批准的《中国民用航空规章第141部训练规范》。

课程批准和修订

本课程由中国民航飞行学院按照中国民航 CCAR-141 部、CCAR-121 部及相关咨询通告制定，由民航西南地区管理局按照 CCAR-141 部、CCAR-121 部及相关咨询通告要求批准。其任何修订和版本的更新由中国民航飞行学院负责，并报民航西南地区管理局批准。

目 录

FCTP 使用范例及说明 ··· 1
地面训练提纲 ··· 4
  GL1 航空公司的运行(20:00) ·· 4
  GL2 高空飞行知识(20:00) ·· 5
  GL3 高性能多发飞机机型理论(64:00) ·· 6
  GL4 多机组成员协作理论知识(25:00) ·· 8
飞行训练提纲 ··· 9
  模拟机阶段地面课课时安排 ·· 9
  FFS 01 (2:00) ··· 11
    计划航路 1:ZSPD/空域/ZSPD ··· 11
    计划航路 2: ZSPD/空域/ZSPD ·· 13
  FFS 02 (2:00) ··· 16
    计划航路:ZSHC07 AND-01D AND-12A ZSPD17L ·· 16
    计划航路:ZSHC07 AND-01D AND-12A ZSPD17L ·· 18
  FFS 03 (2:00) ··· 21
    计划航路 1:ZUUU—ZUCK ·· 21
    计划航路 2:ZUUU—ZUCK ·· 23
  FFS 04 (2:00) ··· 26
    计划航路 1:ZUUU—ZUCK ·· 26
    计划航路 2:ZUUU—ZUCK ·· 28
  FL1 飞机介绍/空域飞行(1:00) ··· 31
  FL2 进近(1:30) ·· 34
  FL3 航线飞行/进近 (1:30) ··· 37
  FL4 航线飞行/进近 (1:30) ··· 40
  FL5 航线飞行/进近 (1:30) ··· 43
  FL6 航线飞行/进近 (1:30) ··· 46
  FL7 航线飞行/进近 (1:30) ··· 49
  FFS 5 (2:00) ·· 52

FCTP 使用范例及说明

本课程按照飞行机组训练课程（Flight Crew Training Program）规范进行设计，以下举例进行使用说明。

 CJ1-FCTP-02 FLIGHT CREW TRAINING PROGRAM	高性能多发飞机训练课程 High Performance Training Course FFS 01	HPT01 CE-525 2010-10	Page 9 REV 00

❶ 课程名称
❷ 课程代号
❸ 页码
❹ 课程编号
❺ 修订日期
❻ 版本号

001.训练内容

FFS x–学员 1

CAFUC DISPACH		
计划航路:ZSHC07 AND-01D AND-12A ZSPD17L		
PLANNED WEIGHTS		MAX STRUCTURAL LIMITS	
PLANNED TAXI FUEL			
PLANNED RAMP WT		MAX RAMP WT	
PLANNED RAMP FUEL		MAX RAMP FUEL	
PLANNED ZFWT		MAX ZFWT	
PLANNED T/O FUEL			
PLANNED T/O WT		MAX T/O WT	
PLANNED BURN OFF			
PLANNED LAND WT		MAX LAND WT	

天气
METAR ZSPD XXXXXXZ 24015 CAVOK 20/5 1025 NOSIG
METAR ZSHC XXXXXXZ CALM CAVOK 26/6 1024 NOSIG

-2-	20小时高性能多发飞机课程提纲	中国民用航空飞行学院
2013-05-01		CIVIL AVIATION FLIGHT UNIVERSITY OF CHINA

NOTAM
无

MEL
无

备注：ZSPD17L PIKAS-BD VMB-12A
干跑道

性能计算：
V1
VR
V2

FFSx-学员1：每场模拟机课程4小时，本课程每课都单独给出了两名学员的训练内容。

计划航路：机场的选择是根据科目综合考虑的，不得改变所选择机场，在有规定离场和使用跑道要求时，教员必须严格按照规定的离场发布ATC放行许可。

天气：天气的设定关系到相关的训练科目，教员必须严格按照课程要求设定天气。

时间		训练项目	FD	AP
		1-驾驶舱准备		
		2-启动发动机		
		3-起飞简述		
0:25		4-起飞	▲	
	※	5-接通AP	▲	▲
	※	6-标准仪表离场JTG-02D，爬升到5100 m	▲	▲
0:50	※	7-切入和保持VOR径向线/NOB方位线	▲	▲
	※	8-下降和进近准备	▲	▲
		9-标准仪表进场WFX-01A		
	※	10-VOR/DME进近	▲	▲
1:20	※	11-复飞	▲	
		12-VOR/DME进近	▲	▲
1:35		13-全停着陆		
		14-起飞		
	※	15-无指引的ILS进近		
		16-全停着陆		
		17-停机和关车		
2:00		18-飞行后程序		

时间：帮助教员掌握课程进度，但不是限制。

符号▲：表示可以或必须使用的辅助设备，当没有标示时，代表不能使用该设备。

符号※：表示在教员指南中有相关内容，为了完成知识和技能的教学，要求教员参照教员指南，进行指导和教学。教员指南仅在教员版本中提供。

002.训练目的
- 巩固飞行各阶段程序和完成相应阶段检查单。
- 主动建立空间情景意识
- 训练学员在侧风条件下截获和保持 VOR 径向线和 ADF 方位线的能力
- 练习使用 FD/AP
- 学习 VOR/DME 进近程序
- 练习带指引复飞方法

003.TEM 讲评
- 由教员完成

004.讲评内容
- 非精密进近中的下降率计算和控制
- VOR/DME 进近程序
- 复飞

005.能力完成标准
- 能够在 FD/AP 接通的情况下完成 SID/STAR
- 掌握 VOR/DME 进近方法
- 掌握侧风条件下截获和保持 VOR 径向线和 ADF 方位线的方法

讲评内容：是指在模拟机飞行前 1 小时，教员在讲评室内利用多媒体教学手段（如 PPT）对学生进行课程内容的讲评。

课目	CE525 教材	QRH	PTM	其他资料
发动机启动故障	P75	D1，D2		
污染道面起飞				AFM P7-3 至 P7-63
污染道面着陆				AFM P64-65
座舱失压，紧急下降	P68，P81，P137	L2，L3		
进近襟翼卡阻	P101	Y2		
穿越颠簸天气	P143			

课前准备：是学生自学内容，根据每课指定的材料和内容在模拟机飞行前一天完成。

CE525 教材：2006 年 3 月由中国民航飞行学院飞行安全技术处出版的飞行训练教材。

QRH：CE525 快速参考手册。

PTM：中国民航飞行学院的临时飞行训练手册（2010-01-REV00）。

其他资料：其他补充资料，AFM 为 CE525 飞机飞行手册。

地面训练提纲

GL1 航空公司的运行(20:00)

课程目的
1. CCAR-121 规章介绍
2. 航空公司基本运行程序介绍
3. 国际航线运行知识学习

教学内容
1. CCAR-121 规章介绍
2. 航空公司基本运行程序介绍
3. 国际航线运行知识学习

完成标准
1. 学生能够理解所学内容，并通过教员口试；
2. 学生笔试分数 80 分以上。

GL2 高空飞行知识(20:00)

课程目的

1. 学习高高度飞行训练理论

教学内容

1. 高空飞行环境
2. 高空天气
3. 飞行计划和航行
4. 高空生理知识
5. 高空飞行飞机系统和组件
6. 高空空气动力和性能因素
7. 高空飞行应急程序

完成标准

1. 学生能够理解所学内容，并通过教员口试；
2. 学生笔试分数 80 分以上。

GL3 高性能多发飞机机型理论(64:00)

课程目的

1. 学习飞机各系统
2. 了解各系统的操作
3. 了解各系统的正常/应急程序

教学内容

1. 一般运行科目
2. 飞机和运行限制介绍
3. 重量与平衡
4. 不利天气下的常规做法
5. 空气动力特性、性能和最低设备清单
6. 飞机系统和部件
7. 燃油和滑油系统
8. 动力装置
9. 电源系统
10. 液压系统
11. 起落架和刹车
12. 气源系统
13. 环境系统
14. 飞行操纵
15. 防雨防冰
16. 防火和防过热
17. 飞行仪表
18. 导航设备和显示系统
19. 自动飞行系统
20. 通信设备
21. 航空器特定的应急训练
22. 应急设备
23. 非正常和应急程序
24. 系统综合训练
25. 驾驶舱熟悉和检查单使用
26. 飞行动作和显示系统
27. 飞行运行和自动飞行系统的使用
28. 应急程序
29. 导航系统的使用正常和非正常飞行运行
30. 正常和非正常飞行运行

完成标准

1. 学生能够理解所学内容，并通过教员口试；
2. 学生笔试分数 80 分以上。

GL4 多机组成员协作理论知识(25:00)

课程目的

1. 学习 MCC 课程

教学内容

1. 界面

因为软件，硬件，环境和人等因素搭配不当的实际例子

2. 领导能力/"服从能力"和威信

管理和监督的技能

过分自信

隔阂

文化的影响

PF 和 PNF 的角色

职业道德

团队责任

3. 个性、态度和动机

倾听

冲突的解决

调解

讲评（飞行前的分析和计划，正在进行的评估，飞行后的评估）

团队组合

4. 飞行期间有效、清楚的沟通

监听

反馈

标准用语

武断

合作

5. 机组成员协作程序

飞行技术和驾驶舱程序

驾驶舱秩序

相互监督、沟通和支持

完成标准

1. 学生能够理解所学内容，并通过教员口试；
2. 学生笔试分数 80 分以上。

飞行训练提纲

模拟机阶段地面课课时安排

第一天	
课程介绍	0:30
飞机介绍	3:00
高性能训练飞行与商业飞行的比较	0:20
驾驶舱准备	1:00
飞行指引的操作	10
QRH 的使用方法	0:15
低能见的起飞和着陆	0:20
第二天	
高性能飞机驾驶舱 CRM	1:00
自动飞行系统	1:00
高性能飞机性能	1:30
湿/污染道面	0:30
各种构型下的失速及改出	0:15
喷气机空气动力	0:40
第三天	
航图的使用	1:00
下降进近速度的管理和调速	1:30
下降准备和下降管理	1:30
CFIT	1:00
使用 RMI 进行空中定位	0:10
仪表及目视飞行下对侧风的修正	0:15
VOR/DME 进近程序	0:20
复飞	0:15
第四天	
非正常和应急情况下的处理原则	1:00
威胁和差错管理	2:00
发动机故障	0:30
航路上单发	0:40
地面刹车失效	0:10

中断起飞，紧急撤离	0:10
零度襟翼落地	0:15
紧急下降	0:20
高空气象简介	0:20
第五天	
通信	1:00
低空风切变	0:15
寒冷天气和结冰条件下飞行	1:30
雷达使用方法，绕飞雷雨的方法，颠簸飞行	1:30
航空公司 AOC（airline operation centre）介绍	0:20
飞行前一天的准备和飞行前直接准备	0:20
FMS 的使用	1:00
备降	0:20
测验	2:00

FFS 01 (2:00)

001.训练内容

FFS 1-学员 1

CAFUC DISPACH			
计划航路 1:ZSPD/空域/ZSPD			
PLANNED WEIGHTS		MAX STRUCTURAL LIMITS	
PLANNED TAXI FUEL			
PLANNED RAMP WT		MAX RAMP WT	
PLANNED RAMP FUEL		MAX RAMP FUEL	
PLANNED ZFWT		MAX ZFWT	8400
PLANNED T/O FUEL			
PLANNED T/O WT		MAX T/O WT	10600
PLANNED BURN OFF			
PLANNED LAND WT		MAX LAND WT	9800

天气
METAR ZSPD XXXXXXZ CALM CAVOK 20/5 1013 NOSIG
METAR ZSHC XXXXXXZ CALM CAVOK 21/6 1012 NOSIG

NOTAM
无

MEL
无

备注:
干跑道

性能计算:
V1
VR
V2

时间		训练项目	FD	AP
	※	1-驾驶舱准备		
0:20	※	2-启动发动机		
	※	3-滑行		
	※	4-起飞简述		
0:35	※	5-起飞		
		6-雷达引导离场和爬升		
		7-5100 m 改平飞		
	※	8-空速、俯仰姿态和油门控制		
	※	9-改变飞机构型		
		10-转弯、爬升和下降		
1:20		11-大坡度盘旋		
	※	12-下降		
		13-ILS 进近，原始数据		
		14-全停着陆		
		15-五边，ILS 进近，原始数据		
2:00	※	16-着陆和着陆后		

-12- 2013-05-01 20 小时高性能多发飞机课程提纲

001.训练内容

FFS 1-学员 2

CAFUC DISPACH			
计划航路 2: ZSPD/空域/ZSPD			
PLANNED WEIGHTS		MAX STRUCTURAL LIMITS	
PLANNED TAXI FUEL			
PLANNED RAMP WT		MAX RAMP WT	
PLANNED RAMP FUEL		MAX RAMP FUEL	
PLANNED ZFWT		MAX ZFWT	
PLANNED T/O FUEL			
PLANNED T/O WT		MAX T/O WT	
PLANNED BURN OFF			
PLANNED LAND WT		MAX LAND WT	

天气
METAR ZSPD XXXXXXZ CALM CAVOK 20/5 1013 NOSIG
METAR ZSHC XXXXXXZ CALM CAVOK 21/6 1012 NOSIG

NOTAM
无

MEL
无

备注:
干跑道

性能计算:
V1
VR
V2

时间	训练项目		FD	AP
0:20	※	17-驾驶舱准备		
	※	18-启动发动机		
	※	19-滑行		
	※	20-起飞简述		
0:35	※	21-起飞		
		22-雷达引导离场和爬升		
		23-5100m 改平飞		
	※	24-空速、俯仰姿态和油门控制		
	※	25-改变飞机构型		
		26-转弯、爬升和下降		
1:20		27-大坡度盘旋		
	※	28-下降		
		29-ILS 进近，原始数据		
		30-全停着陆		
		31-五边，ILS 进近，原始数据		
2:00	※	32-着陆和着陆后		

002.训练目的
- 建立基本的多人制机组概念
- 驾驶舱准备和使用检查单
- 熟悉基本高教机仪表布局，能迅速获取各个主要飞行参数
- EFIS 仪表飞行程序
- 练习高性能飞机的操纵技术，熟悉掌握起飞、上升、平飞、下降技术，练习配平飞机，掌握功率和速度的对应关系

003.TEM 讲评
- 由教员完成

004.讲评内容
- 模拟机使用和安全注意事项
- 俯仰姿态、功率和速度的对应
- 飞行前程序
  - 驾驶舱预先准备
  - 驾驶舱准备
- 飞行程序
  - 起飞
  - ILS 进近（原始数据），ILS 信息在 EADI 和 EHSI 上的显示
  - 着陆（PPT1）
- 空域飞行
  - 大坡度盘旋

005.能力完成标准

- 正确实施安全程序和使用检查单
- 有基本的情景意识
- 能够实施基本的仪表飞行，进近和空域飞行程序
- 机组间有基本的理解和交流，工作负荷管理
- 对飞机有基本的操纵能力

006.学员预习内容

课目	CE525 教材	QRH	PTM
驾驶舱准备	P109		P60
启动前/发动机启动/启动后	P10，27，112		P64,65
滑行&起飞	P112–114，129		P68,75
大坡度盘旋	P135		
着陆后/停机/离机	P118，119		P143
ILS 进近	P116,131		P109

课　目	MA600 教材	QRH	飞行手册
驾驶舱准备			
启动前/发动机启动/启动后			
滑行&起飞			
大坡度盘旋			
着陆后/停机/离机			
ILS 进近			

FFS 02 (2:00)

001.训练内容

FFS 2-学员 1

CAFUC DISPACH				
计划航路:ZSHC07 AND-01D AND-12A ZSPD17L				
PLANNED WEIGHTS		MAX STRUCTURAL LIMITS		
PLANNED TAXI FUEL				
PLANNED RAMP WT		MAX RAMP WT		
PLANNED RAMP FUEL		MAX RAMP FUEL		
PLANNED ZFWT		MAX ZFWT		
PLANNED T/O FUEL				
PLANNED T/O WT		MAX T/O WT		
PLANNED BURN OFF				
PLANNED LAND WT		MAX LAND WT		

天气
METAR ZSHC XXXXXXZ 13005MPS 5000 20/5 1016 NOSIG
METAR ZSPD XXXXXXZ 15003MPS 5000 23/6 1018 NOSIG

NOTAM

MEL
无

备注：
干跑道

性能计算：
V1
VR
V2

时间	训练项目	FD	AP
	※ 1-起飞位		
	2-起飞		
0:30	3-返场进近准备，NDB 进近	▲	▲
	4-复飞		
	※ 5-等待的加入和等待	▲	▲
	※ 6-NDB 进近，目视盘旋	▲	▲
1:10	7-着陆		
	8-设置起飞位		
	※ 9-V1 后发动机失效（有损伤）		
	10-单发 ILS 进近	▲	
1:30	11-单发着陆		
	12-五边，单发 ILS 进近	▲	
	13-单发着陆		
	14-设置起飞位		
	※ 15-V1 前发动机故障—中断起飞		
2:00	16-停机和关车		

001.训练内容

FFS 2–学员 2

CAFUC DISPACH			
计划航路:ZSHC07 AND-01D AND-12A ZSPD17L			
PLANNED WEIGHTS		MAX STRUCTURAL LIMITS	
PLANNED TAXI FUEL			
PLANNED RAMP WT		MAX RAMP WT	
PLANNED RAMP FUEL		MAX RAMP FUEL	
PLANNED ZFWT		MAX ZFWT	
PLANNED T/O FUEL			
PLANNED T/O WT		MAX T/O WT	
PLANNED BURN OFF			
PLANNED LAND WT		MAX LAND WT	

天气
METAR ZSHC XXXXXXZ 13005MPS 5000 20/5 1016 NOSIG
METAR ZSPD XXXXXXZ 15003MPS 5000 23/6 1018 NOSIG

NOTAM

MEL
无

备注:
干跑道

性能计算:
V1
VR
V2

时间	训练项目		FD	AP
	※	17-起飞位		
		18-起飞		
0:30		19-返场进近准备，NDB 进近	▲	▲
		20-复飞		
	※	21-等待的加入和进行等待	▲	▲
	※	22-NDB 进近，目视盘旋	▲	▲
1:10		23-着陆		
		24-设置至起飞位		
	※	25-V1 后发动机失效（有损伤）		
		26-单发 ILS 进近	▲	
1:30		27-单发着陆		
		28-五边，单发 ILS 进近	▲	
		29-单发着陆		
		30-设置起飞位		
	※	31-V1 前发动机故障—中断起飞		
2:00		32-停机和关车		

002 训练目的

- 学习 NDB 进近
- 学习目视盘旋
- V1 后发动机失效
- 单发的进近和着陆
- 中断起飞

003.TEM 讲评

- 由教员完成

004.讲评内容

- 由教员完成

005.能力完成标准

- 能熟练实施无线电导航程序，基本仪表飞行程序和进近程序
- 能够正确处置不正常情况
- 能够正确使用自动设备

006.学员预习内容

课 目	CE525 教材	QRH	PTM
NDB 进近	P132		P126
目视盘旋进近			P130
V1 后单发	P57，130		
中断起飞	P129		
单发进近和着陆	P104		

课 目	PA42 教材	QRH	飞行手册
NDB 进近	P104 – 114		
目视盘旋进近	P71 – 74		
V1 后单发	P120 – 122		P3-4A--3-7
中断起飞	P119 – 120		P3-3
单发进近和着陆	P122 – 125		P3-8A—3-9

课 目	MA600 教材	QRH	飞行手册
NDB 进近			
目视盘旋进近			
V1 后单发			
中断起飞			
单发进近和着陆			

FFS 03 (2:00)

001.训练内容

FFS 3-学员 1

CAFUC DISPACH			
计划航路 1:ZUUU—ZUCK			
ALTN ZUUU			
PLANNED WEIGHTS		MAX STRUCTURAL LIMITS	
PLANNED TAXI FUEL			
PLANNED RAMP WT		MAX RAMP WT	
PLANNED RAMP FUEL		MAX RAMP FUEL	
PLANNED ZFWT		MAX ZFWT	
PLANNED T/O FUEL			
PLANNED T/O WT		MAX T/O WT	
PLANNED BURN OFF			
PLANNED LAND WT		MAX LAND WT	

天气
METAR ZUUU XXXXXXZ 09002MPS 8000 29/26 1004 NOSIG
METAR ZUCK XXXXXXZ 07003MPS 6000 28/25 1006 NOSIG

NOTAM

MEL
防滞不工作

备注:
夜航

性能计算:
V1
VR
V2

-22-	20小时高性能多发飞机课程提纲	
2013-05-01		

时间	训练项目	FD	AP
	※　1-过站准备（防滞不工作）		
0:20	2-启动		
	※　3-起飞风切变		
	※　4-标准仪表离场和爬升		
	※　5-漏燃油/单发		
	※　6-进近简述		
	7-下降		
	8-VOR/DME 进近		
1:10	9-着陆，防滞不工作		
	10-起飞位		
	11-起飞		
	※　12-V1后发动机失火/单发		
	※　13-申请加入航线		
	14-ILS 进近		
1:45	15-着陆		
	16-五边		
	17-ILS 进近，风切变		
2:00	18-复飞（冻结）		

001.训练内容

FFS 3-学员 2

CAFUC DISPACH			
计划航路 2:ZUUU—ZUCK			
ALTN ZUUU			
PLANNED WEIGHTS		MAX STRUCTURAL LIMITS	
PLANNED TAXI FUEL			
PLANNED RAMP WT		MAX RAMP WT	
PLANNED RAMP FUEL		MAX RAMP FUEL	
PLANNED ZFWT		MAX ZFWT	
PLANNED T/O FUEL			
PLANNED T/O WT		MAX T/O WT	
PLANNED BURN OFF			
PLANNED LAND WT		MAX LAND WT	

天气
METAR ZUUU XXXXXXZ 09002MPS 8000 29/26 1004 NOSIG
METAR ZUCK XXXXXXZ 07003MPS 6000 28/25 1006 NOSIG

NOTAM

MEL
防滞不工作

备注:
夜航

性能计算:
V1
VR
V2

时间	训练项目		FD	AP
		19-等待点位		
	※	20-起飞		
		21-标准仪表离场和爬升		
		22-返场		
		23-进近简述		
		24-下降，防滞系统失效		
		25-LOC 进近		
1:10		26-着陆无防滞刹车		
		27-起飞位		
		28-起飞		
		29-V1 后发动机失火/单发		
		30-申请加入航线		
		31-ILS 进近		
1:40		32-着陆		
		33-五边		
		34-进近风切变		
2:00		35-复飞（冻结）		

002.课程目标
- PF 侧 ADC（大气数据计算机）不工作的处置
- 燃油泄漏的判断及处置
- 火警的处置
- 风切变

003.TEM 讲评
- 由教员完成

004.讲评内容
- ADC（大气数据计算机）不工作的处置
- 风切变
- 燃油泄漏的处置
- 火警处置

005.能力完成标准
- 能够使用快速过站检查单
- 能够在飞机发生故障后，建立任务优先级意识，正确使用检查单处理好相应的系统故障
- 能够基本了解风切变的处置方法

006.学员预习内容

课　目	CE525 教材	QRH	PTM
ADC（大气数据计算机）不工作的处置	P92	R2	
火警处置	P57,P60	A1	
防滞系统故障	P98	J3	
AHRS 故障	P91	Q4	

课　目	PA42 教材	QRH	飞行手册
ADC（大气数据计算机）不工作的处置		R2	
火警处置		A1	P3-13,3-39
防滞系统故障		J3	
AHRS 故障		Q4	

课　目	MA600 教材	QRH	飞行手册
ADC（大气数据计算机）不工作的处置			
火警处置			
防滞系统故障			
AHRS 故障			

FFS 04 (2:00)

001.训练内容

FFS 4-学员 1

CAFUC DISPACH			
计划航路 1:ZUUU—ZUCK			
ALNT ZUUU			
PLANNED WEIGHTS		MAX STRUCTURAL LIMITS	
PLANNED TAXI FUEL			
PLANNED RAMP WT		MAX RAMP WT	
PLANNED RAMP FUEL		MAX RAMP FUEL	
PLANNED ZFWT		MAX ZFWT	
PLANNED T/O FUEL			
PLANNED T/O WT		MAX T/O WT	
PLANNED BURN OFF			
PLANNED LAND WT		MAX LAND WT	

天气
METAR ZUUU XXXXXXZ 09002MPS 5000 20/16 1004 NOSIG
METAR ZUCK XXXXXXZ 07003MPS 4000 21/17 1006 NOSIG

NOTAM

MEL
无

备注:
夜航

性能计算:
V1
VR
V2

时间	训练项目		FD	AP
		1-驾驶舱准备		
		2-启动		
		3-滑出		
0:30		4-起飞		
		5-标准仪表离场和爬升		
	※	6-航路飞行/增压系统故障		
	※	7-下降（人工增压控制）		
	※	8-进近准备/简述/下降管理		
		9-ILS 进近（Raw data）		
1:10		10-着陆		
		11-起飞		
		12-V1 后单发		
		13-NDB 进近		
	※	14-复飞		
		15-目视进近		
		16-着陆		
		17-停机和关车		
2:00		18-飞行后程序		

001.训练内容

FFS 4-学员 2

CAFUC DISPACH			
计划航路 2:ZUUU—ZUCK			
ALNT ZUUU			
PLANNED WEIGHTS		MAX STRUCTURAL LIMITS	
PLANNED TAXI FUEL			
PLANNED RAMP WT		MAX RAMP WT	
PLANNED RAMP FUEL		MAX RAMP FUEL	
PLANNED ZFWT		MAX ZFWT	
PLANNED T/O FUEL			
PLANNED T/O WT		MAX T/O WT	
PLANNED BURN OFF			
PLANNED LAND WT		MAX LAND WT	

天气
METAR ZUUU XXXXXXZ 09002MPS 5000 20/16 1004 NOSIG
METAR ZUCK XXXXXXZ 07003MPS 4000 21/17 1006 NOSIG

NOTAM

MEL
无

备注:
夜航

性能计算:
V1
VR
V2

时间	训练项目		FD	AP
		19-设置飞机等待位		
		20-起飞		
		21-标准仪表离场和爬升		
		22-航路飞行，高度5700m		
	※	23-下降（人工增压控制）		
	※	24-进近准备/简述/下降管理		
		25-单液压故障		
		26-ILS进近（Raw data）		
1:10		27-着陆		
		28-起飞		
		29-V1后单发		
		30-VOR/DME进近		
	※	31-复飞		
		32-目视进近		
		33-着陆		
		34-停机和关车		
2:00		35-飞行后程序		

002.课程目标
- 巩固和复习各阶段的飞行程序
- 完成航线飞行
- 学习增压系统的人工操纵方法

003.TEM讲评
- 由教员完成

004.讲评内容
- 学习增压系统的人工操纵
- 液压系统故障

005.能力完成标准
- 机组能独立地使用标准程序，完成航线飞行
- 能够掌握高空飞机增压系统故障的处理方法
- 能够正确使用喷气机的高距比管理下降剖面

006.学员预习内容

课 目	CE525 教材	QRH	PTM
增压系统故障	P81,P236	L1	
液压故障	P96	H2	
单发复飞	P105,P135	Y1	
目视进近	P133		

课 目	PA42 教材	QRH	飞行手册
增压系统故障	P128 – 131	L1	P3-21—3-23
液压故障	P131 – 133	H2	P3-25
单发复飞	P125 – 126	Y1	P3-9
目视进近	P69 – 74		

课目	MA600 教材	QRH	飞行手册
增压系统故障			
液压故障			
单发复飞			
目视进近			

FL1 飞机介绍/空域飞行(1:00)

实施顺序

1. 飞行准备
2. 飞行实施
3. 飞行后评估

进入条件

按标准完成模拟机课的训练。

概要

- 参照飞行训练标准，学生将对本课进行准备，飞行教员对课程的实施进行控制和讲评。本课教学重点是向学生介绍飞机的操纵技术。

训练目的

- 正确实施安全程序
- 正确执行程序和检查单
- 正确实施无线电导航程序
- 正确实施基本仪表飞行程序
- 巩固飞机操纵技术
- 巩固领导能力/艺术以及团队合作
- 巩固工作负荷管理
- 巩固机组交流程序
- 巩固自动飞行程序
- 巩固处境意识和决策方面的技能
- 巩固进近程序的实施技能
- 巩固仪表航路程序的实施技能
- 巩固空域飞行程序的实施技能
- 介绍基本的区域导航程序

项目

1. 要求学生在课前复习准备的内容
   - ❏ 不正常/应急程序，原理和处置原则
   - ❏ 不正常/应急程序，记忆项目
   - ❏ 多人制机组的概念
   - ❏ 机组配合项目
   - ❏ 检查单的使用
   - ❏ 课程准备
   - ❏ 飞行计划
   - ❏ 重量和平衡，确定起飞配平的设置
   - ❏ 起飞，着陆和备降的最低标准

- 飞行中的驾驶舱管理
- 俯仰姿态/功率对照表
- 襟翼/空速配置表
- 简述
- 飞行前程序
- 无线电通信
- 尾流间隔
- 飞行程序
- 仪表起飞
- 标准仪表离场
- 自动飞行
- 自动驾驶的使用
- 标准仪表进场
- 标准喊话，最低航路高度/最低安全高度
- 精密和非精密进近（标准和雷达引导）
- 盘旋进近
- 目视进近
- 接地区
- 着陆连续/复飞程序
- 复飞
- 复飞程序
- 通信失效的处置
- 空域飞行
  - 大坡度盘旋
  - 小速度机动飞行
  - 在不同飞机形态和速度时的俯仰姿态和油门控制
- 着陆
- 飞行后程序

2. 讲评
- 签派文件，放行，飞机技术记录本和飞行记录本的使用
- 机场资料
- 无线电通信程序和用语：地面管制，塔台，雷达/进近管制，区域管制
- 地面操作程序（起动，滑行）
- 空域飞行
- 飞行前程序
- 飞行中的驾驶舱管理
- 飞行程序
- 着陆连续/复飞程序
- 复飞、复飞程序
- 着陆、飞行后程序

飞行数据

机组配备	根据实际情况自定
飞机基本空重	按照飞机操纵手册的规定
油量标准油量	根据实际情况自定
航线	本场和空域

训练内容

- 驾驶舱准备
- 发动机启动
- 起飞简述
- 起飞
- 标准仪表离场和上升
- 改平飞
- 空中定位
- 俯仰姿态和油门控制
  - 改变空速和飞机形态
  - 转弯，上升和下降
- ☐ 空域飞行
  - 大坡度盘旋
  - 小速度机动飞行
- ☐ 下降
- ☐ 进近简述
- ☐ ILS 进近，不带指引（1 次）
- ☐ 着陆连续
- ☐ 目视进近
- ☐ 着陆
- ☐ 停机和关车
- ☐ 飞行后程序

完成标准

- 正确实施安全程序和使用检查单
- 能熟练实施基本仪表飞行程序
- 具备相应的在地面和空中操纵飞机的技术
- 能够实施空域飞行，无线电导航和进近程序
- 理解处境意识和决策
- 理解交流，工作负荷管理，以及领导能力/艺术和团队合作
- 能够正确使用自动驾驶
- 能够正确实施空域飞行程序
- 练习基本的区域导航程序

FL2 进近(1:30)

实施顺序

1. 飞行准备
2. 飞行实施
3. 飞行后评估

进入条件

完成 FL1 课的训练。

概要

参照飞行训练标准，学生对本课进行准备，飞行教员对课程的实施进行控制和讲评。

训练目的

- ❏ 正确实施安全程序
- ❏ 正确执行程序和检查单
- ❏ 正确实施无线电导航程序
- ❏ 正确实施基本仪表飞行程序
- ❏ 正确地操纵飞机
- ❏ 正确实施进近程序
- ❏ 巩固处境意识和决策方面的技能
- ❏ 巩固领导能力/艺术以及团队合作
- ❏ 巩固工作负荷管理
- ❏ 巩固机组交流程序
- ❏ 巩固自动飞行程序

项目

1. 要求学生在课前复习准备的内容
- ❏ 不正常/应急程序，原理和处置原则
- ❏ 不正常/应急程序，记忆项目
- ❏ 多人制机组的概念
- ❏ 机组配合项目
- ❏ 检查单的使用
- ❏ 课程准备
- ❏ 重量和平衡，确定起飞配平的设置
- ❏ 飞行计划

起飞，着陆和备降的最低标准
- ❏ 飞行中的驾驶舱管理
- ❏ 俯仰姿态/功率对照表
- ❏ 襟翼/空速配置表
- ❏ 简述

- ❏ 飞行前程序
- ❏ 无线电通信
- ❏ 尾流间隔
- ❏ 飞行程序
- ❏ 仪表起飞
- ❏ 标准喊话
- ❏ 精密和非精密进近（标准和雷达引导）
- ❏ 长五边进近
- ❏ 盘旋进近
- ❏ 目视进近
- ❏ 接地区
- ❏ 着陆连续/复飞程序
- ❏ 复飞
- ❏ 复飞程序
- ❏ 通信失效的处置
- ❏ 着陆
- ❏ 飞行后程序

2. 讲评
- ❏ 签派文件，放行，飞机技术记录本和飞行记录本的使用
- ❏ 机场资料
- ❏ 无线电通信程序和用语：地面管制，塔台，雷达/进近管制，区域管制
- ❏ 地面操作程序（起动，滑行）
- ❏ 飞行中的驾驶舱管理
- ❏ 飞行前程序
- ❏ 飞行程序
- ❏ ILS进近
- ❏ 长五边进近
- ❏ 着陆连续/复飞程序
- ❏ 着陆
- ❏ 飞行后程序

飞行数据

机场	根据实际情况自定
机组配备	根据实际情况自定
飞机基本空重	按照飞机操纵手册的规定
油量标准油量	根据实际情况自定

训练内容

"训练内容"中安排的项目和内容实施顺序只是指导性的，飞行教员可以根据实际情况进行调整，但应当尽可能地完成各种不同类型进近的训练。

- ❏ 驾驶舱准备
- ❏ 发动机启动
- ❏ 起飞简述

- ☐ 起飞
- ☐ VOR/DME 进近
- ☐ 复飞
- ☐ NDB 进近
- ☐ 着陆连续
- ☐ 目视起落
- ☐ ILS 进近，使用飞行指引
- ☐ 五边加入目视盘旋进近
- ☐ 着陆
- ☐ 着陆后程序
- ☐ 停机和关车
- ☐ 飞行后程序

完成标准

- 正确实施安全程序和使用检查单
- 能熟练实施基本仪表飞行程序
- 具备在地面和空中熟练操纵飞机的技术
- 能够熟练实施无线电导航和进近程序
- 理解处境意识和决策
- 理解交流，工作负荷管理，以及领导能力/艺术和团队合作
- 能够正确使用自动驾驶和飞行指引

FL3 航线飞行/进近 (1:30)

实施顺序

1. 飞行准备
2. 飞行实施
3. 飞行后评估

进入条件

完成 FL2 课的训练。

概要

学生对本课进行准备和讲评,飞行教员按照飞行训练标准对课程的实施进行控制。本课是使用 MCC 概念进行的一次从 A 点至 B 点的仪表飞行。包括一次标准仪表离场,仪表航路飞行,一次标准仪表进场和一次进近。

训练目的

- 正确实施安全程序
- 正确执行程序和检查单
- 正确实施无线电导航程序
- 正确实施基本仪表飞行程序
- 正确地操纵飞机
- 正确实施进近程序
- 正确实施仪表航路程序
- 正确运用处境意识和决策方面的技能
- 巩固自动飞行程序
- 巩固领导能力/艺术以及团队合作
- 巩固工作负荷管理
- 巩固机组交流程序
- 巩固基本的区域导航程序的实施技能

项目

1. 要求学生在课前复习准备的内容
   - ☐ 不正常/应急程序,原理和处置原则
   - ☐ 不正常/应急程序,记忆项目
   - ☐ 机组成员失能
   - ☐ 多人制机组的概念
   - ☐ 机组配合项目
   - ☐ 检查单的使用
   - ☐ 课程准备
   - ☐ 重量和平衡,确定起飞配平的设置
   - ☐ 飞行计划

- ☐ 起飞，着陆和备降的最低标准
- ☐ 飞行中的驾驶舱管理
- ☐ 俯仰姿态/功率对照表
- ☐ 襟翼/空速配置表
- ☐ 简述
- ☐ 飞行前程序
- ☐ 无线电通信
- ☐ 尾流间隔
- ☐ 飞行程序
- ☐ 标准仪表离场
- ☐ 自动飞行
- ☐ 自动驾驶的使用
- ☐ 标准仪表进场
- ☐ 标准喊话，最低航路高度/最低安全高度
- ☐ 精密和非精密进近（标准和雷达引导）
- ☐ 长五边进近
- ☐ 盘旋进近
- ☐ 目视进近
- ☐ 接地区
- ☐ 着陆连续/复飞程序
- ☐ 复飞
- ☐ 复飞程序
- ☐ 通信失效的处置
- ☐ 着陆
- ☐ 飞行后程序

2. 讲评
- ☐ 由学生进行课程准备和讲评
- ☐ 教员应当要求学生对其所作出的所有决策进行解释说明
- ☐ 机组成员失能
- ☐ 无线电通信程序和用语
- ☐ 飞行前程序
- ☐ 飞行程序
- ☐ ILS 进近
- ☐ 长五边进近
- ☐ 着陆连续/复飞程序
- ☐ 着陆
- ☐ 飞行后程序
- ☐ 过站程序（加油，过站放行手续，获取航行情报和气象资料，停机安全）

飞行数据

机组配备	根据实际情况自定
飞机基本空重	按照飞机操纵手册的规定
油量标准油量	根据实际情况自定

航线　　　　　　　　　　　　　　根据实际情况自定

根据实际的天气和航行通告的情况，确定训练使用机场。

训练内容

"训练内容"中安排的项目和内容实施顺序只是指导性的，可以根据实际情况进行调整。
- ☐ 驾驶舱准备
- ☐ 发动机启动
- ☐ 起飞简述
- ☐ 起飞
- ☐ 标准仪表离场和上升
- ☐ 改平飞
- ☐ 空中定位
- ☐ 自动驾驶的使用
- ☐ 航路飞行
- ☐ 正常/应急程序，记忆项目
  - 增压系统
  - 引气
  - 空调
- ☐ 下降
- ☐ 进近简述
- ☐ 加入进近
- ☐ 着陆
- ☐ 停机和关车
- ☐ 飞行后程序
- ☐ 过站程序（加油，过站放行手续，获取航行情报和气象资料，停机安全）

完成标准

- 正确实施安全程序和使用检查单
- 遵守处境意识和决策方面的要求
- 能熟练实施基本仪表飞行和仪表航路飞行程序
- 具备在地面和空中熟练操纵飞机的技术
- 能够熟练实施无线电导航和进近程序
- 能够正确使用自动驾驶
- 理解交流，工作负荷管理，以及领导能力/艺术和团队合作
- 能够正确实施基本的区域导航程序

FL4 航线飞行/进近 (1:30)

实施顺序

1. 飞行准备
2. 飞行实施
3. 飞行后评估

进入条件

完成 FL3 训练。

概要

学生对本课进行准备和讲评，飞行教员按照飞行训练标准对课程的实施进行控制。本课是使用 MCC 概念进行的一次从 A 点至 B 点的仪表飞行。包括一次标准仪表离场，仪表航路飞行，一次标准仪表进场和一次进近。

训练目的

- 正确实施安全程序
- 正确执行程序和检查单
- 正确实施无线电导航程序
- 正确实施基本仪表飞行程序
- 正确地操纵飞机
- 正确实施进近程序
- 正确实施仪表航路程序
- 正确运用处境意识和决策方面的技能
- 正确实施自动飞行程序
- 巩固基本的区域导航程序的实施技能
- 巩固领导能力/艺术以及团队合作
- 巩固工作负荷管理
- 巩固机组交流程序
- 巩固目视起落/进近的飞行技能

项目

1. 要求学生在课前复习准备的内容
   - 不正常/应急程序，原理和处置原则
   - 不正常/应急程序，记忆项目
   - 机组成员失能
   - 多人制机组的概念
   - 机组配合项目
   - 检查单的使用
   - 课程准备
   - 重量和平衡，确定起飞配平的设置

- ❏ 飞行计划
- ❏ 起飞，着陆和备降的最低标准
- ❏ 飞行中的驾驶舱管理
- ❏ 俯仰姿态/功率对照表
- ❏ 襟翼/空速配置表
- ❏ 简述
- ❏ 飞行前程序
- ❏ 无线电通信
- ❏ 尾流间隔
- ❏ 飞行程序
- ❏ 仪表起飞
- ❏ 标准仪表离场
- ❏ 自动飞行
- ❏ 自动驾驶的使用
- ❏ 标准仪表进场
- ❏ 标准喊话，最低航路高度/最低安全高度
- ❏ 精密和非精密进近（标准和雷达引导）
- ❏ 长五边进近
- ❏ 盘旋进近
- ❏ 目视进近
- ❏ 接地区
- ❏ 着陆连续/复飞程序
- ❏ 复飞
- ❏ 复飞程序
- ❏ 通信失效的处置
- ❏ 着陆
- ❏ 飞行后程序

2. 讲评
- 由学生进行课程准备和讲评，教员应当要求学生对其所作出的所有决策进行解释说明。
- 无线电通信程序和用语
- 飞行前程序
- 飞行程序
- 进近程序
- 盘旋进近
- 训练航线
- 飞行后程序
- 过站程序（加油，过站放行手续，获取航行情报和气象资料，停机安全）

飞行数据

机组配备	根据实际情况自定
飞机基本空重	按照飞机操纵手册的规定
油量标准油量	根据实际情况自定
航线	根据实际情况自定

根据实际的天气和航行通告的情况，确定训练使用机场。

训练内容

"训练内容"中安排的项目和内容实施顺序只是指导性的，可以根据实际情况进行调整。
- ❏ 驾驶舱准备
- ❏ 发动机启动
- ❏ 起飞简述
- ❏ 起飞
- ❏ 标准仪表离场和上升（上升至学生选择的巡航高度）
- ❏ 改平飞
- ❏ 空中定位
- ❏ 自动驾驶的使用
- ❏ 航路飞行
- ❏ 正常/应急程序，记忆项目
  - 飞行操纵系统
  - 防冰与除冰
  - 自动驾驶系统
- ❏ 下降
- ❏ 进近简述
- ❏ 加入进近
- ❏ 着陆
- ❏ 停机和关车
- ❏ 飞行后程序
- ❏ 过站程序（加油，过站放行手续，获取航行情报和气象资料，停机安全）

完成标准

- 正确实施安全程序和使用检查单
- 遵守处境意识和决策方面的要求
- 能熟练实施基本仪表飞行和仪表航路飞行程序
- 具备在地面和空中熟练操纵飞机的技术
- 能够熟练实施无线电导航和进近程序
- 能够熟练使用自动驾驶
- 理解交流，工作负荷管理，以及领导能力/艺术和团队合作
- 能够正确实施目视起落/进近程序
- 能够正确实施基本的区域导航程序

FL5 航线飞行/进近 (1:30)

实施顺序

1. 飞行准备
2. 飞行实施
3. 飞行后评估

进入条件

完成 FL4 课的训练。

概要

学生对本课进行准备和讲评，飞行教员按照飞行训练标准对课程的实施进行控制。本课是使用 MCC 概念进行的一次从 A 点至 B 点的仪表飞行。包括一次标准仪表离场，仪表航路飞行，一次标准仪表进场和一次进近。

训练目的

- 正确实施安全程序
- 正确执行程序和检查单
- 正确实施无线电导航程序
- 正确实施基本仪表飞行程序
- 正确地操纵飞机
- 正确实施进近程序
- 正确实施仪表航路程序
- 正确运用处境意识和决策方面的技能
- 正确实施自动飞行程序
- 巩固基本的区域导航程序的实施技能
- 巩固领导能力/艺术以及团队合作
- 巩固工作负荷管理
- 巩固机组交流程序

项目

1. 要求学生在课前复习准备的内容
- ☐ 不正常/应急程序，原理和处置原则
- ☐ 不正常/应急程序，记忆项目
- ☐ 机组成员失能
- ☐ 多人制机组的概念
- ☐ 机组配合项目
- ☐ 检查单的使用
- ☐ 课程准备
- ☐ 重量和平衡，确定起飞配平的设置
- ☐ 飞行计划

- 起飞，着陆和备降的最低标准
- 飞行中的驾驶舱管理
- 俯仰姿态/功率对照表
- 襟翼/空速配置表
- 简述
- 飞行前程序
- 无线电通信
- 尾流间隔
- 飞行程序
- 仪表起飞
- 标准仪表离场
- 自动飞行
- 自动驾驶的使用
- 标准仪表进场
- 标准喊话，最低航路高度/最低安全高度
- 精密和非精密进近（标准和雷达引导）
- 长五边进近
- 盘旋进近
- 目视进近
- 接地区
- 着陆连续/复飞程序
- 复飞
- 复飞程序
- 通信失效的处置
- 着陆
- 飞行后程序

2. 讲评

由学生进行课程准备和讲评。教员应当要求学生对其所作出的所有决策进行解释说明。
- 无线电通信程序和用语
- 飞行前程序；飞行程序；进近程序；飞行后程序

飞行数据

机组配备	根据实际情况自定
飞机基本空重	按照飞机操纵手册的规定
油量标准油量	根据实际情况自定
航线	根据实际情况自定

根据实际的天气和航行通告的情况，确定训练使用机场。

训练内容

"训练内容"中安排的项目和内容实施顺序只是指导性的，可以根据实际情况进行调整。
- 驾驶舱准备
- 发动机启动
- 起飞简述

- ❏ 起飞
- ❏ 标准仪表离场和上升
- ❏ 改平飞
- ❏ 空中定位
- ❏ 自动驾驶的使用
- ❏ 航路飞行
- ❏ 下降
- ❏ 进近简述
- ❏ 加入进近
- ❏ 着陆
- ❏ 停机和关车
- ❏ 飞行后程序
- ❏ 过站程序（加油，过站放行手续，获取航行情报和气象资料，停机安全）

完成标准

- 正确实施安全程序和使用检查单
- 遵守处境意识和决策方面的要求
- 能熟练实施基本仪表飞行和仪表航路飞行程序
- 具备在地面和空中熟练操纵飞机的技术
- 能够熟练实施无线电导航和进近程序
- 能够熟练使用自动驾驶
- 理解交流，工作负荷管理，以及领导能力/艺术和团队合作
- 能够正确实施基本的区域导航程序

FL6 航线飞行/进近 (1:30)

实施顺序

1. 飞行准备
2. 飞行实施
3. 飞行后评估

进入条件

完成 FL5 课的训练。

概要

学生对本课进行准备和讲评，飞行教员按照飞行训练标准对课程的实施进行控制。本课是使用 MCC 概念进行的一次从 A 点至 B 点，再从 B 点至 C 点的仪表飞行。至少包括一次标准仪表离场，仪表航路飞行，一次标准仪表进场和一次进近。

训练目的

- 正确实施安全程序
- 正确执行程序和检查单
- 正确实施无线电导航程序
- 正确实施基本仪表飞行程序
- 正确地操纵飞机
- 正确实施进近程序
- 正确实施仪表航路程序
- 正确运用处境意识和决策方面的技能
- 正确实施自动飞行程序
- 巩固目视起落/进近程序的实施技能
- 巩固基本的区域导航程序的实施技能
- 巩固领导能力/艺术以及团队合作
- 巩固工作负荷管理
- 巩固机组交流程序

项目

1. 要求学生在课前复习准备的内容
   - 不正常/应急程序，原理和处置原则
   - 不正常/应急程序，记忆项目
   - 机组成员失能
   - 多人制机组的概念
   - 机组配合项目
   - 检查单的使用
   - 课程准备
   - 重量和平衡，确定起飞配平的设置

- ❏ 飞行计划
- ❏ 起飞，着陆和备降的最低标准
- ❏ 飞行中的驾驶舱管理
- ❏ 俯仰姿态/功率对照表
- ❏ 襟翼/空速配置表
- ❏ 简述
- ❏ 飞行前程序
- ❏ 无线电通信
- ❏ 尾流间隔
- ❏ 飞行程序
- ❏ 仪表起飞
- ❏ 标准仪表离场
- ❏ 自动飞行
- ❏ 自动驾驶的使用
- ❏ 标准仪表进场
- ❏ 标准喊话，最低航路高度/最低安全高度
- ❏ 精密和非精密进近（标准和雷达引导）
- ❏ 长五边进近
- ❏ 盘旋进近
- ❏ 目视进近
- ❏ 接地区
- ❏ 着陆连续/复飞程序
- ❏ 复飞
- ❏ 复飞程序
- ❏ 通信失效的处置
- ❏ 着陆
- ❏ 飞行后程序

2. 讲评

由学生进行课程准备和讲评，教员应当要求学生对其所作出的所有决策进行解释说明。

- ❏ 飞行前程序
- ❏ 飞行程序
- ❏ 进近程序
- ❏ 训练航线
- ❏ 飞行后程序

飞行数据

机组配备	根据实际情况自定
飞机基本空重	按照飞机操纵手册的规定
油量标准油量	根据实际情况自定
航线	根据实际情况自定

根据实际的天气和航行通告的情况，确定训练使用机场。

训练内容

"训练内容"中安排的项目和内容实施顺序只是指导性的，可以根据实际情况进行调整。
- ❏ 驾驶舱准备
- ❏ 发动机启动
- ❏ 起飞简述
- ❏ 起飞
- ❏ 标准仪表离场和上升
- ❏ 改平飞
- ❏ 空域飞行
- ❏ 空中定位
- ❏ 自动驾驶的使用
- ❏ 航路飞行
- ❏ 下降
- ❏ 进近简述
- ❏ 加入进近
- ❏ 着陆
- ❏ 停机和关车
- ❏ 飞行后程序
- ❏ 过站程序（加油，过站放行手续，获取航行情报和气象资料，停机安全）

完成标准

- 正确实施安全程序和使用检查单
- 遵守处境意识和决策方面的要求
- 能熟练实施基本仪表飞行和仪表航路飞行程序
- 具备在地面和空中熟练操纵飞机的技术
- 能够熟练实施无线电导航和进近程序
- 能够熟练使用自动驾驶
- 能够正确实施目视起落/进近程序
- 理解交流，工作负荷管理，以及领导能力/艺术和团队合作
- 能够正确实施基本的区域导航程序

FL7 航线飞行/进近 (1:30)

实施顺序

1. 飞行准备
2. 飞行实施
3. 飞行后评估

进入条件

完成 FL6 课的训练。

概要

学生根据飞行训练标准对本课进行准备并对课程的实施进行控制。本课将对学生的知识和技能水平进行评估。

注：飞行教员将在本课对训练是否符合标准化的要求进行评估。

训练目的

- ❏ 正确实施安全程序
- ❏ 正确执行程序和检查单
- ❏ 正确实施无线电导航程序
- ❏ 正确实施基本仪表飞行程序
- ❏ 正确运用处境意识和决策方面的技能
- ❏ 正确实施进近程序
- ❏ 正确实施仪表航路程序
- ❏ 正确实施目视起落/进近程序
- ❏ 在地面和空中熟练地操纵飞机
- ❏ 正确实施自动飞行程序
- ❏ 正确实施基本的区域导航程序的实施技能
- ❏ 巩固领导能力/艺术以及团队合作
- ❏ 巩固工作负荷管理
- ❏ 巩固机组交流程序

项目

1. 要求学生在课前复习准备的内容
   - ❏ 不正常/应急程序，原理和处置原则
   - ❏ 不正常/应急程序，记忆项目
   - ❏ 机组成员失能
   - ❏ 多人制机组的概念
   - ❏ 机组配合项目
   - ❏ 检查单的使用
   - ❏ 课程准备
   - ❏ 重量和平衡，确定起飞配平的设置

- ❏ 飞行计划
- ❏ 起飞，着陆和备降的最低标准
- ❏ 飞行中的驾驶舱管理
- ❏ 俯仰姿态/功率对照表
- ❏ 襟翼/空速配置表
- ❏ 简述
- ❏ 飞行前程序
- ❏ 无线电通信
- ❏ 尾流间隔
- ❏ 飞行程序
- ❏ 仪表起飞
- ❏ 标准仪表离场
- ❏ 自动飞行
- ❏ 自动驾驶的使用
- ❏ 标准仪表进场
- ❏ 标准喊话，最低航路高度/最低安全高度
- ❏ 精密和非精密进近（标准和雷达引导）
- ❏ 长五边进近
- ❏ 盘旋进近
- ❏ 目视进近
- ❏ 接地区
- ❏ 着陆连续/复飞程序
- ❏ 复飞
- ❏ 复飞程序
- ❏ 通信失效的处置
- ❏ 着陆
- ❏ 飞行后程序

2. 讲评

由学生进行课程准备和讲评，教员应当要求学生对其所作出的所有决策进行解释说明。

- ❏ 飞行前程序
- ❏ 飞行程序
- ❏ 进近程序和训练航线
- ❏ 飞行后程序

飞行数据

机组配备	根据实际情况自定
飞机基本空重	按照飞机操纵手册的规定
油量标准油量	根据实际情况自定
航线	根据实际情况自定

根据实际的天气和航行通告的情况，确定训练使用机场。

训练内容

"训练内容"中安排的项目和内容实施顺序只是指导性的，可以根据实际情况进行调整。必须至少

完成 3 次仪表进近，其中 1 次进近应当为标准进近。
- ☐ 驾驶舱准备
- ☐ 发动机启动
- ☐ 起飞简述
- ☐ 起飞
- ☐ 标准仪表离场和上升（上升至学生选择的巡航高度）
- ☐ 改平飞
- ☐ 空中定位
- ☐ 自动驾驶的使用
- ☐ 航路飞行
- ☐ 下降
- ☐ 进近简述
- ☐ 加入进近
- ☐ 着陆
- ☐ 停机和关车
- ☐ 飞行后程序
- ☐ 过站程序（加油，过站放行手续，获取航行情报和气象资料，停机安全）

完成标准
- 正确实施安全程序和使用检查单
- 遵守处境意识和决策方面的要求
- 能熟练实施基本仪表飞行和仪表航路飞行程序
- 具备在地面和空中熟练操纵飞机的技术
- 能够熟练实施无线电导航和进近程序
- 能够熟练使用自动驾驶
- 能够正确实施目视起落/进近程序
- 理解交流，工作负荷管理，以及领导能力/艺术和团队合作

FFS 5 (2:00)

001. 课程目标
- 检查学生是否满足高性能多发飞机训练对知识技能和态度的要求。

002. 完成标准
- 达到 AC-141-02R1《高性能多发飞机训练要求》附件中《高性能飞机训练考试标准》及《高性能飞行考试容许误差》的要求。

003. 高性能飞机训练考试工作单

飞行训练提纲

高性能飞机训练考试工作单

姓 名			驾驶员执照编号	
飞行学校				
考试起止日期____年__月__日至____年__月__日 地点				
所用机型　　航空器型号_____ 　　　　　　如使用飞机　　飞机注册号_____ 　　　　　　如使用模拟机　　CAAC 模拟机编号_____级别_____				

		考试项目	结论	
			通过	未通过
离场	1	飞行前准备		
	1.1	文件		
	1.2	重量与平衡		
	1.3	气象信息		
	1.4	飞行计划		
	2	开车前检查——外部检查和内部检查		
	3	发动机启动——正常和故障		
	4	滑行		
	5	起飞前检查——发动机试车		
	6	起飞程序——模拟仪表气象条件		
	6.1	侧风(若天气允许)		
	6.2	模拟 V1 速度后发动机失效		
	7	离场 ATC 通信		
仪表飞行	1	仪表离场		
	2	航路仪表飞行——切入径向线		
	3	等待程序		
	4	ILS 进近至 DH/A 200 英尺后复飞		
	5	非精密进近至 MDH/A 和 MAP——复飞		
	6	防冰程序		
	7	管制联络——服从，无线电通话程序		
进场和着陆	1	进场程序		
	2	正常 ILS 进近和着陆		
	3	非精密进近和着陆		
	4	正常着陆——目视		
	5	最低高度复飞		
	6	夜航复飞和着陆(按需)		
	7	管制联络——服从，无线电通话程序		

非正常和紧急程序	1	模拟紧急情况（系统故障，按需）		
	2	模拟一台发动机失效执行人工操作ILS进近		
	3	模拟一台发动机失效进近和复飞		
	4	模拟一台发动机失效进近和全停着陆		
	5	管制联络——服从，无线电通话程序		
机组资源管理	1	基础知识		
	2	交流		
	3	领导能力与团队协作		
	4	情景意识		
	5	工作负荷管理		

检查员评语及结论

评语：

结论：

检查员执照编号_____ 签字_____ 日期_____

注：每项动作在结论"通过"或"未通过"处打"√"